U0312338

阳光姐姐

科普·小·书房

身边的微生物

伍美珍 主编

明天出版社
TOMORROW PUBLISHING HOUSE

本书使用指南

瞧这个图标剪影，每个主题都不一样哟。

每个主题都以一个故事场景作为开始，引出之后的探索旅程。

每个主题漫画后都附有"科普小书房"，介绍与主题相关的科普知识点，对漫画中的知识进行补充和拓展。

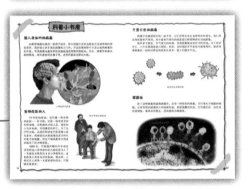

阅读漫画时，要按照先上后下、先左后右的规律阅读。

阅读同一格漫画里的对话时，要按照先上后下、先左后右的规律阅读。

画外音会让漫画故事的情节更加完整，不要错过哟。

认识
阳光姐姐

阳光姐姐伍美珍

亲爱的小读者们，很高兴能和你相遇在"阳光姐姐科普小书房"中。

我主编这套科普读物，与"阳光姐姐小书房"解答孩子们成长中的困惑的思路是一脉相承的。我认为科普读物也可以做得具有故事性、趣味性和知识性，这样你们才爱读。这一套书就是以多格漫画的活泼形式，巧妙融合有趣的科普知识，解答你们科学方面的疑惑，开阔大家的视野。

在这套书中，作为"阳光姐姐"的"我"化身为一个会魔法的教师，带领着阳光家族的成员们，以实地教学的方式给大家上 "科学课""自然课"。真心地希望这套书能够成为你们小书房中的一部分，让你们爱上科学知识。

祝你们阅读快乐，天天快乐！

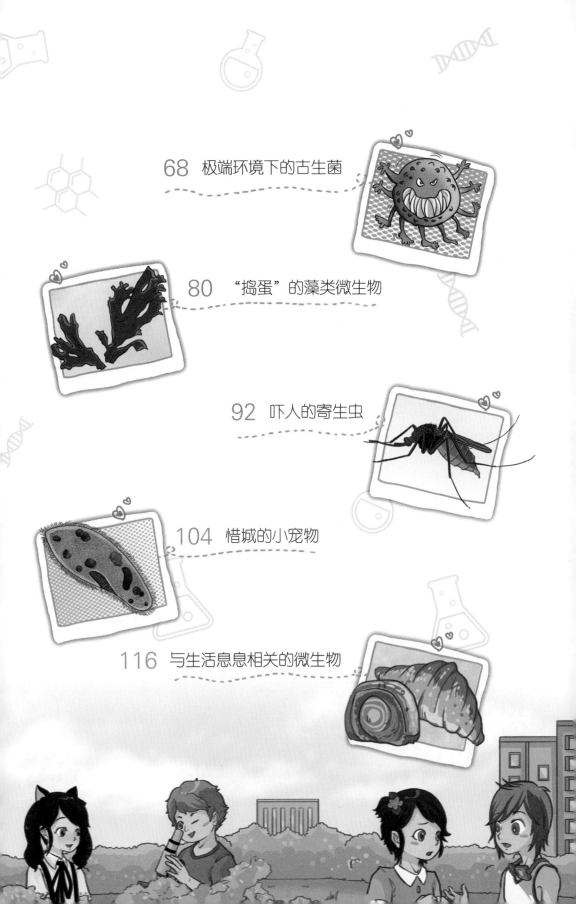

我叫惜城，是全校最聪明的男生。我最喜欢搞怪，每天都在制造笑话，很多有趣的话都出自我之口，朋友们说我动不动就会陷入"抽风状态"。

惜城

这是我同桌兔子，热爱读书的学霸，同时也是班花级美女。只要是书本上有的知识，她总是能信手拈来；只要是有趣的课外知识，她总忍不住记下来。

兔子

我和咪咪是好朋友，我们很喜欢整惜城。

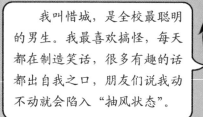

这个呆呆的小胖子是阿呆，有点傻乎乎，脾气很好，爸爸是大老板，所以他是个低调的"富二代"。坐在他旁边的小胖妞是咪咪。当阿呆有难的时候，咪咪总是拔刀相助。

咪咪

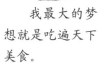

我最大的梦想就是吃遍天下美食。

我喜欢好看的和可爱的事物，好奇心强，不过一旦说到认真学习，就会"灵魂出窍"。

阿呆

张小伟是个心思细腻的安静男生，生长在单亲家庭，对妈妈很依赖。他性格温柔，自律又勤奋。因为长相帅气、待人亲和，所以他和女生十分谈得来。缺点是有些多愁善感，还有点儿多情。

我叫江冰蟾，性格内向，十分要强，因此有些孤独，朋友不是很多，我总是沉浸在自己的世界里。我最擅长的是数学，最害怕考试失误。

张小伟

江冰蟾

我是朱子同，不仅爱玩，还十分会玩，网络流行语尽在我的掌握之中。我喜欢打游戏，还自制娱乐恶搞节目，很有表演天赋，朋友众多。我自认为毫无缺点。

朱子同

阳光姐姐伍美珍

喜欢小朋友，喜欢开玩笑，被好友亲昵地称为"美美"的人。

善于用键盘敲故事，而用钢笔却写不出一个故事的……奇怪的人。

在大学课堂讲授一本正经的写作原理的人，在小学校园和孩子们笑谈轻松阅读和快乐写作的人，在杂志中充当"阳光姐姐"，为解决小朋友的烦恼出主意的人。

每天电子信箱里都会堆满"小情书"，其内容大都是"阳光姐姐，我好喜欢你"这样情真意切表白的……幸福的人。

已敲出100多本书的……超人！

博客（伍美珍阳光家族）
http://blog.sina.com.cn/ygjzbjb
信箱:ygjjxsf@126.com

肉眼看不到的微生物

乌黑的云在天空中翻腾滚动，远处不时闪过一道耀眼的电光，紧随其后的是低沉的雷鸣声，没多久，雨水噼里啪啦地从天而降，为闷热的天气带来一丝凉爽。房间里，惜城趴在窗台上，看着外面的雨幕怔怔出神。忽然，他像是想起什么似的，把手探出窗外，用掌心接了一点雨水，然后转过身，神秘兮兮地面向小伙伴们。

本期出场人物：惜城、兔子、阿呆、朱子同、阳光姐姐

哼，你们这群没有幽默感的人。

纠正一点，是他们这群，我刚刚已经很配合你的演出了。

这时，阳光姐姐一手端着果盘，一手推开门，进了房间。

我们在聊惜城有没有参悟"一水一世界"的奥义。

你们在聊什么啊？

什么？惜城最近在研究佛家思想？

这个……佛家思想对我来说有点深奥……

惜城不好意思地挠挠头，一旁的阿呆叽里呱啦地把刚才发生的事讲了一遍。

阳光姐姐语出惊人，现场陷入一片寂静。

………

是这样啊。同学们，严格来讲惜城说得不算错哟。

那个……阳光姐姐，您不用这么维护我，那只是我瞎说的。

那好吧，不过惜城你算是歪打正着，其实一滴雨水里真的有一个世界。

阳光姐姐，你说的难道是微生物？

对话展开，不懂的名词突然出现了！

微生物包括一些和我们密切相关的物种，生活在我们身边的各个角落。不过，由于它们大部分个体微小，无法用肉眼直接观察到，所以长久以来，我们对微生物的了解很有限。

10

这么说，在惜城刚刚接的雨水里，就生活着大量微生物？

没错。

有什么办法能让我们看到微生物吗？我还从来没见过呢！

想看到微生物，我们需要一些小工具。

啊吧啦啊咔啦 无中生有

说完，阳光姐姐念起了咒语，施展魔法，变出了一台显微镜。然后她又让惜城从窗外接了一点雨水，作为样本放在载物台上。

接下来，就是见证奇迹的时刻！你们谁先来？

我来！

当惜城怀着忐忑的心情，透过目镜看向标本时，他惊呆了！他在一滴水里看到了许多活动的小生物！

真的在活动呢！

天啊！我看到了什么？

太神奇了！

难以置信。

这都相当于一个中等城市的人口了吧！难怪阳光姐姐说这是一个世界。

100万

科学家研究发现，一滴海水中存在的微生物数量甚至会超过100万个！

微生物有多少种啊？

微生物可以分为几大类：细菌、蓝细菌、病毒、螺旋体、支原体、衣原体、立克次氏体等等。它们是构成微生物世界的几大家族。

微生物长得这么小，人类到底是怎么发现它们的呢？

这可多亏了一个叫列文虎克的人，现在我就带你们去见见他。

啊吧啦
啊咔啦
时空转移

伴随着一道白光，大家穿越到了17世纪的荷兰，找到了列文虎克。

你们是？

列文虎克先生您好，我们是来自中国的留学生，听说您发现了一些有趣的东西，所以慕名前来拜访。

哦！中国？是东方的神秘之国吗？我很欢迎你们的到来，不过你们是怎么知道我的发现的？

教科书上都写了……

别乱说话！

不用管他，列文虎克叔叔，那个是什么啊？

这个是我自己做的显微镜，当初我发现狄尔肯就是靠它。

狄尔肯？

就是微生物。

微生物已经有名字了？

狄尔肯是这个词的发音，意思就是微小活泼的物体，是列文虎克发现微生物后给它取的名字。

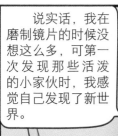

说实话，我在磨制镜片的时候没想这么多，可第一次发现那些活泼的小家伙时，我感觉自己发现了新世界。

听说您还做了很多实验。

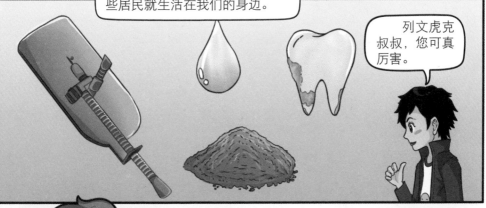

当然，我不仅在雨水里发现了活跃的狄尔肯，还在泥土、牙垢中发现了它们。由此可见，这些居民就生活在我们的身边。

列文虎克叔叔，您可真厉害。

没错，您就是我的偶像！

列文虎克先生，请您继续坚持研究，我们就不打扰了，再见！

我会的，谢谢你们，再见。

和列文虎克先生告别后，阳光姐姐念动咒语，带大家回到了现代。

15

列文虎克真是太厉害啦！他的发现为人类打开了新世界的大门！

他后来怎么样了？

后来呀，他把自己的发现整理成报告，提交给了英国皇家学会，受到了他们的赞扬，还被吸纳为皇家学会的会员了呢！

太棒啦！

等一下，我忽然想起来，既然连水中都有那么多微生物，那我们的身体里……

是的，我们身体里微生物的数量甚至超过了人体细胞的总量。

列文虎克的显微镜

　　世界上第一台显微镜出现于 16 世纪。在之后的几十年里，人们又制作了不少显微镜，但由于技术水平有限，它们的放大倍数并不高。直到 17 世纪中后期，列文虎克磨制出了许多放大倍数较高的显微镜，其中一台甚至能把物体放大约 300 倍。

　　列文虎克的显微镜框架材质主要是黄铜。它由两块大小一致的黄铜板构成，中间被对称地留出孔，打磨好的透镜镶嵌在孔中，针形的载物台能够放置标本，手柄可以调节其位置。使用时，先把标本放在载物台上，用显微镜对准明亮的光源，然后调节载物台位置，直到能看到清晰影像后，再进行观察。

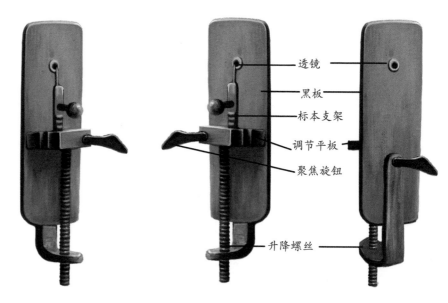

透镜

黑板

标本支架

调节平板

聚焦旋钮

升降螺丝

微生物学之父

　　虽然列文虎克第一个发现了微生物，但第一个真正对微生物学做出重大贡献的，是 19 世纪法国著名的微生物学家——路易斯·巴斯德。巴斯德结合了前人的发现，最先从对微生物的形态研究转移到对微生物的生理研究，奠定了微生物学及其分支学科的基础，并把它们发扬光大。另外，他还利用自己在微生物方面的研究，战胜了许多可怕的疾病，如狂犬病。因此，他被后人尊称为"微生物学之父"。

鹅颈瓶实验

　　19 世纪 60 年代，巴斯德做了一个实验：首先，他将肉汤分别灌进两个烧瓶中，前者不做改变，后者的瓶颈被烧灼拉长，弯曲成鹅颈烧瓶。之后，他将两瓶肉汤煮沸，再进行冷却，然后放置在一个地方，等待结果。值得一提的是，两个烧瓶他都没有进行封口。没几天，普通烧瓶的肉汤里出现了微生物，而鹅颈瓶中的肉汤没有丝毫变化。这场实验持续了数年，普通烧瓶的肉汤早就变质腐坏，但鹅颈瓶里的肉汤依旧保持原样，没有滋生微生物。

　　巴斯德认为，普通烧瓶里的肉汤之所以会变质，是因为空气中的微生物可以直接落入汤中，并迅速繁殖；而对瓶颈弯曲的鹅颈瓶，微生物只能落在瓶颈上，无法接触肉汤，所以肉汤没有变化。最后，巴斯德得出结论，肉汤中的微生物不是凭空产生的，而是空气中存在的。

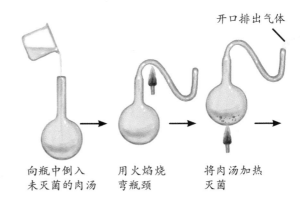

开口排出气体

向瓶中倒入　　用火焰烧　　将肉汤加热
未灭菌的肉汤　弯瓶颈　　　灭菌

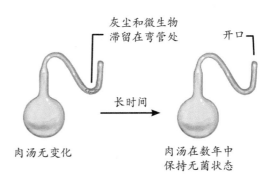

灰尘和微生物　　　开口
滞留在弯管处

长时间

肉汤无变化　　　　肉汤在数年中
保持无菌状态

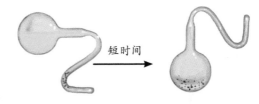

短时间

将瓶倾倒，带有微生物　肉汤中长满微生物
的空气与肉汤接触

人体细胞和微生物

　　细胞与微生物都是在 17 世纪被人们发现的，两者肉眼均难以观察到。根据现代科学的研究结果来看，人体细胞数量仅仅占据身体内细胞总量的四成左右，连一半的水平都没有达到，剩余约六成则全是微生物细胞。

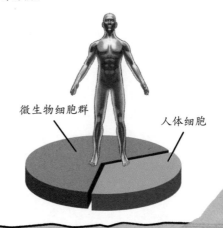

微生物细胞群　　　　　人体细胞

古老的蓝细菌

课间休息的时候，同学们坐在一起，激烈地讨论着什么。路过教室的阳光姐姐看到了，感到有些好奇，于是她悄悄走了过来，打算听听他们在争论什么。

本期出场人物： 阿呆、咪咪、汪冰蟾、张小伟、阳光姐姐

您还记得上次在讲微生物分类时，提到了蓝细菌和细菌吗？阿呆和小伟就在争论这个呢。

阳光姐姐，您可算来了。阿呆总是认为蓝细菌是一种细菌，我给他解释他也不信。

真理是不畏惧强权的！就算是阳光姐姐，给不出合理解释，我也不会屈服的！

这个笨蛋。

阿呆，蓝细菌确实不是细菌，它们两个都是微生物的分支，是并列关系。

那它为什么要叫蓝细菌呢？

你也可以叫它的另一个名字——蓝藻，或者蓝绿藻。

蓝绿藻？

21

对，就是蓝绿藻。它们生活的年代甚至可以追溯到几十亿年前，那时生命刚出现。

我想起来了，以前兔子跟我讲过蓝绿藻、叠层石之类的。

阳光姐姐为了让大家能够更直观地认识蓝绿藻，于是念起咒语，带大家来到了千里之外的澳大利亚哈美林池。

啊吧啦
啊咔啦
时空转移

是啊，仔细一看，上面密密麻麻的，我密集恐惧症快犯了。

哇，这里有好多奇怪的石头啊。

这些就是叠层石。它们是由蓝绿藻层层堆积形成的沉积物，年代非常古老，约形成于35亿年前！

天啊！

我没记错的话，地球的年龄也就是46亿岁吧？

难道这就是与天地同寿？

能吃吗？

这你也下得去口？

阿呆，这些叠层岩被誉为世界上最古老、最伟大的活化石，科研价值非常高！你要是真把它吃了，可就成了科学界的罪人了。

我只是在开玩笑。

阳光姐姐，刚刚你说活化石？难道它们还活着？

没错，蓝绿藻并没有灭绝，即便是现在，它们也广泛分布在地球上。

它们是生活在海水里的吗？

蓝绿藻的生命力非常顽强，除了海水，淡水、土壤也都可以成为它们的乐土。另外，在岩石表面、荒漠、冰原等极端环境中，也能找到蓝绿藻的身影。

阳光姐姐，你还没告诉我，蓝绿藻为什么叫蓝细菌呢？

这个还要从蓝绿藻的结构讲起。它们虽然名字里有着"藻"字，但它们没有叶绿体和真细胞核，构造特性和细菌比较相似，所以才被叫作蓝细菌。和真正的细菌比起来，蓝细菌的细胞显然比较大。

阿呆，这下你相信我说的了吧。

嗯，阳光姐姐成功说服了我。

阳光姐姐，35亿年前的地球环境要远比现在恶劣得多吧？那它是怎么在那里生存的呢？

蓝细菌是一种自养型的微生物，它们不需要有机物质，只要有阳光和无机化合物，它们就能合成维持自己生存的物质，并茁壮成长。

阳光

无机化合物

那它们长在那里有什么用呢？

为了给这个世界增添光彩！

你闭嘴！

其实小伟说得没错。蓝细菌可以说是最早的放氧生物之一，它们在原始海洋里大量增殖，从某种程度上讲，它们改变了原始地球的生态环境，为更多生物的出现提供了条件。

25

26

对啊。其实很早以前，蓝细菌就被人们当成食品了。比如营养丰富的螺旋藻可以用作食品添加剂，念珠藻可以做成美味的食物。

阳光姐姐，蓝细菌是不是还有药用功能呀？

对，蓝细菌还有极高的药用价值，能入药供人服用，我国的经典医书《本草纲目》与《本草纲目拾遗》里都有记载。

立志成为美食家的我，一定要去尝尝。

嗯！不过到时候一定要叫上我！

27

你们两个以后干脆组一个"吃货二人组"的组合，然后出道成为偶像。

哈哈哈～

除了刚刚说的用途外，蓝细菌处理废物也是一把好手。人们发现，被分离的蓝细菌突变类型能分解废水里的化学物质。

这么看来，蓝细菌还是很厉害的"清道夫"呢。

阳光姐姐，照你这么说，蓝细菌全身上下都是优点呢！

很遗憾，并不是。

啊吧啦
啊咔啦
时空转移

阳光姐姐运用魔法，把大家带到一片泛着绿色的散发着刺鼻异味的河边。

哇,好恶心,好臭！这是什么啊?

这里是一片遭到蓝细菌污染的海域。

蓝细菌也会造成污染吗?

如果条件适宜,蓝细菌等就会过度繁殖,在水面聚集,形成绿色的浮渣,这种现象叫水华。水华形成后,会产生毒素,这种毒素不仅会造成鱼类死亡,还会影响人们的生产生活用水。

任何东西都有两面性,蓝细菌也逃不过这个魔咒啊。

大氧化事件

35亿年前，原始地球的大气中有氢气，有氦气，甚至还有一氧化碳，却没有生物赖以生存的氧气。在这种极端环境下，以蓝细菌为主的自养生物出现了。始一出现，它们就蓬勃发展，快速繁殖，没多久就遍及原始海洋。由于光能自养作用，蓝细菌开始向外释放氧气。经过漫长的时间后，大约距今28亿年前，原始大气的成分发生了改变，空气中含氧量增加，地球上的矿物成分也随之发生了改变，为将来动物的出现奠定了基础。现代科学家将地球历史上的这次事件称为"大气氧化事件"或者"大氧化事件"。

35亿年前的原始地球

蓝细菌

蓝细菌的种类

作为一种十分古老的原核微生物，蓝细菌的细胞形态多种多样，为了方便区分，科学家将它们大致分为以下五群：厚球蓝细菌群、无异形胞丝状蓝细菌群、有异形胞丝状蓝细菌群、细胞能多平面方向分裂的有异形胞丝状蓝细菌群以及色球蓝细菌群。除此之外，蓝细菌细胞还有一些特殊的异化形式，比如链丝段、异细胞、内孢子、静息孢子等等。

颤蓝细菌

色球蓝细菌

念珠蓝细菌

管孢蓝细菌

螺旋蓝细菌

皮果蓝细菌

蓝细菌的药用价值

古老的蓝细菌不仅可以食用，还具有相当高的药用价值。据史料记载，人类早在公元前16世纪就已经开始使用蓝藻来治疗痛风等疾病了，但真正对其深入研究，还是在20世纪90年代末。随着了解的深入，人们发现蓝细菌本身所具备的多种因子可以合成各种次一级的代谢产物，对癌症，各种细菌和病毒、原生动物造成的疾病都有着非常显著的疗效。同时，它还能抑制蛋白酶活性，并可以对紫外线起到防护作用，是未来许多新型药物开发的首选原料。

科学家正在研发药物

水中的绿色幽灵

当蓝细菌暴发式增殖，短短几个小时就会生长出一代，从而迅速在水面形成一层蓝绿色、黏糊糊，且伴有异样气味的"油漆"时，这就说明，这片水域被污染了。如果情况更加严重，蓝细菌生长范围连成一片，规模庞大，那就说明暴发"绿潮"了。蓝细菌的过度增殖，不仅会引起水质恶化，有时还会产生毒素。如果动物不小心误饮，就会出现腹泻、呕吐、口眼分泌物增多等症状，严重者甚至会死亡。

为了治理泛滥的蓝细菌，人们想了很多方法来净化水体。例如：人工打捞，控制工厂排放废水，添加活性炭，投放鱼苗，栽种特殊植物等。

人工打捞

"好"细菌与"坏"细菌

阿呆因为乱吃东西，食物中毒，住进了医院。幸亏救治及时，再加上他病情不严重，这才没什么大事。阳光姐姐和同学们来病房看阿呆的时候，发现他已经恢复了精神，还向大家讨要好吃的呢。为了让阿呆能好好休息，同学们嘻嘻哈哈聊了一会儿后就离开了病房。

本期出场人物：惜城、朱子同、兔子、咪咪、阳光姐姐

惜城，你的结论有些武断了。不是所有的细菌都是坏蛋。

这么说它们也分好坏？

真的假的？细菌还能有好的吗？

这是人们长期以来的误解。走，我带你们到专门的研究所参观，近距离接触一下细菌。

啊？那我们不会被传染吧？

咪咪，放轻松，只要咱们做好消毒，那就万无一失了！

阳光姐姐开车载着大家来到了一家研究所。

XX 研究所

33

嗨，小晴，我们来了。我来介绍一下，这是咱们今天的向导，你们叫她小晴姐姐就好。

进入研究所，一位斯文的女研究员走了过来。

同学们好！因为实验室的特殊性，大家参观前，要先去消消毒，好吗？

小晴姐姐好！

在小晴姐姐的指导下，大家进行消毒后，穿上白色防护服，戴上透明防护镜与白色口罩，捂得严严实实，走进了实验室。

作为微生物的一种，细菌个体非常小，身长大约在 0.5 到 1 微米之间，只能用高倍显微镜才能观察到。正好这里有我们已经培养好的细菌，大家可以来观察一下。

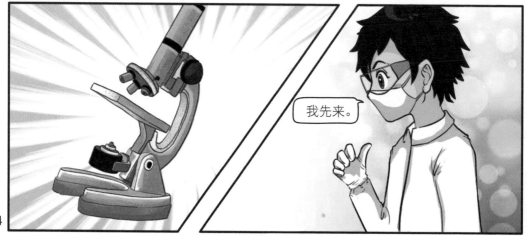

我先来。

哇，这就是细菌啊！圆溜溜的，像个球一样！

我也要看！咦？我看到的细菌怎么细细长长的，像根木棒一样？

你们看到的是同一种细菌吗？我来瞧瞧！

嗯？这弯弯曲曲的是什么啊？

什么情况？难道每个人眼中的细菌都是不一样的吗？

当然不，只是你们观察到的是两类不同的细菌。我们根据形状的差别，将它们分为球状菌、杆状菌。而螺旋菌属于杆状菌。

所有细菌都可以分到这两大类里吗？

可以这样理解。

小晴姐姐，既然细菌有好几种，那么它们的结构是不是也不一样啊？

不。尽管不同种类细菌的外形差别很大，但它们的内部构造都是一样的。

那细菌的结构是什么样的啊？

细菌主要由细胞质、细胞膜以及细胞壁构成，有的还有荚膜、鞭毛等结构。值得一提的是，细菌并没有真正的细胞核。

啊，好复杂呀！

小晴姐姐，刚刚您说这些细菌是你们培养的？难道细菌还会自己繁殖吗？

啊？细菌会繁殖？莫非它们还有性别吗？

惜城，你忘了无性繁殖吗？

无性繁殖？

对，细菌能通过分裂自己进行繁殖。如果条件允许，它们甚至可以无限繁殖。

就像一生二，二生四那样？

没错。

所以细菌会不断分裂增多，这画面我不敢想。

细菌只能在实验室这样的环境中繁殖吗？

当然不是，细菌对环境有非常强的适应能力，遍布在地球的各个角落。举个例子，我随手从地上捏起一点土，里面细菌的数量都可能破亿。

这样看来，细菌的数量岂不是比人要多得多。

在数量庞大的细菌面前，人类没什么好骄傲的。毕竟就连人体也是细菌的"地盘。"

什么？

我们不是消了毒，还穿了防护服吗？怎么还有细菌呢？

妈妈，我要死啦！

冷静点，你们忘了之前阳光姐姐说过身体内有细菌的吗？

同学们别害怕，我们的身体中虽然到处都有细菌，但其中绝大多数都是对人类无害的，甚至还有不少对身体有益的细菌呢！

真的吗？

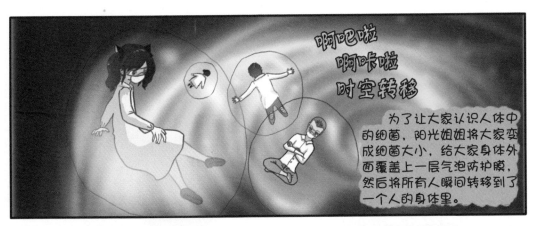

啊吧啦
啊咔啦
时空转移

为了让大家认识人体中的细菌，阳光姐姐将大家变成细菌大小，给大家身体外面覆盖上一层气泡防护膜，然后将所有人瞬间转移到了一个人的身体里。

知道，它是一种会让人生病的细菌吧？

大家知道大肠杆菌吗？

这是肠道，里面有许多大肠杆菌。它们能帮我们抑制有毒细菌的产生，让我们的身体不生病。

原来如此！

可阿呆不就是因为细菌才生病的吗？

的确。虽然有很多对人体有益的微生物，但对人体有害的微生物也不少。那位阿呆小朋友就是被"病原微生物"入侵体内，感染了疾病。

啊吧啦
啊咔啦
时空转移

身边都是可以看见的细菌，这种感觉实在不好。阳光姐姐施展魔法，大家回到了实验室，变成了原来的样子。

病原微生物是什么啊?

应该指的是会导致人们生病的微生物吧。

所有能入侵人体,引发疾病的微生物都是病原微生物。而这种现象就是所谓的感染。

嗯,这个名词让我一下子想到了传染病。

很多疾病,比如破伤风、霍乱、肺结核等,就分别是由破伤风梭菌、霍乱弧菌、结核分枝杆菌等病原微生物引起的。

破伤风梭菌

啊?那有没有什么办法能消灭这些病原微生物啊?

霍乱弧菌

结核分枝杆菌

抗生素就是人们为了消灭病原微生物而生产的。

那我们多吃些抗生素是不是就不会生病了？

千万别。如果只服用合适的剂量，抗生素还是有效的治病药；可要是把抗生素当成家常便饭，那么对我们而言，它反而成了"致病药"。

大家连连点头

小晴说得很对。现在有很多人频繁使用抗生素，结果使体内的致病微生物渐渐产生了强大的抗药性，变成了可怕的超级致病微生物。这下连药效更强的抗生素也拿它没办法了。所以千万不能滥用抗生素啊！

时间不早了，我们该离开了，谢谢你小晴。

老朋友，不客气。

离开研究所前，小晴姐姐按照规定，又带着大家进行了消毒。

小晴姐姐再见！

同学们再见！欢迎你们下次再来！

41

糟糕的病原体

所谓"病原体"，简单来讲，就是能够导致人们生病的微生物。病原体为什么会导致人们生病呢？其实这主要跟它们的毒性和侵袭能力有关。很多病原体，比如霍乱、百日咳的病原体都会分泌毒素，从而破坏人体细胞正常的秩序，引发一系列症状，像疼痛、发炎等；而侵袭能力更好理解，表现为感染。不过，病原体的侵袭能力有强有弱，强大一点的，也许很少的病原体就可以使人生病；弱小一点的，即使数量庞大，也有可能还没来得及翻起什么浪，就被人体免疫系统消灭掉了。

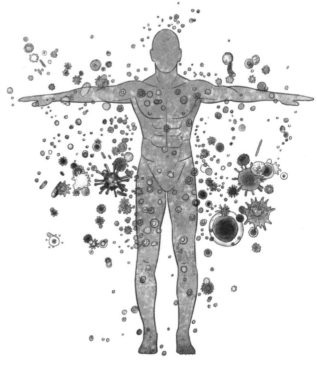

从四面八方侵袭人体的致病微生物

进食的细菌

细菌和人类一样，都需要靠进食维持生命和日常的活动，而且也像人类一样，要对摄取的食物进行消化，然后再排泄出来。这些"排泄物"也会成为其他种类细菌的食物，如此循环往复，"排泄物"就会慢慢被细菌吞噬干净。虽然这样的行为看起来不起眼，但事实上，正是因为细菌这种"进食—转化"的能力，地球才没有被各种垃圾所掩盖。

细菌分解垃圾

细菌与水

　　虽然有少量细菌能在高温、严寒等极端环境下生存一段时间，但细菌是离不开水的，这点和地球上的其他生物一样。往往在有水的环境中，我们可以发现有很多细菌，比如室外的江河湖海，室内的洗手池、水龙头等常有水的地方。值得一提的是，一些细菌为了防止被冲走，会在外表面形成一层薄薄的、滑滑的"膜"，保护自己。

一杯水里的细菌

人体内的细菌

　　我们生活的地方到处都有细菌，甚至就连我们的身体里也有很多细菌"安营扎寨"。有人粗略估算了一下，我们体内细胞的数量大约有几十万亿个，而居住在人体内部的细菌数量是细胞的几倍，大约有 100 万亿个！当然，这些细菌绝大多数都是有益细菌，"性格"比较温和。它们主要生活在肠道里，帮助人们消化食物，合成各种营养。它们时刻对病原微生物保持着警惕，能抵挡一些有害的病原微生物。由此可见，如果人们的体内没有这些有益细菌，那该多么糟糕。

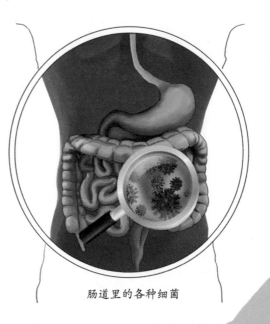

肠道里的各种细菌

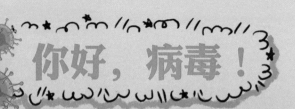

你好，病毒！

前 段时间，一场规模较大的流行性感冒"袭击"了城市。很多人都因此患上了流感，一些同学也不幸"中招"。阳光姐姐担心影响大家恢复，于是中断了定期的聚会。随着时间的推移，"流感风波"渐渐过去，大家的身体也恢复了健康。一个晴朗的周末，阳光姐姐把同学们叫到了自己家里，大家聚到了一起。

本期出场人物：张小伟、阿呆、兔子、泛冰蟾、阳光姐姐

> 还不是因为之前的流感。

> 是病毒惹的祸。

> 咱们好久没像现在这样聚会了。

> 可不是嘛。

> 流感是怎么发生的呢？难道是细菌导致的？

病毒？

对的，就是病毒。

好吧，看来我冤枉细菌了。

细菌和病毒不都是微生物吗？它们有什么区别呢？

病毒的体形比细菌还要小，要使用高级的电子显微镜才能看到。细菌有细胞，可以独立生存；但病毒不行，它们没有细胞，不能独自生活，必须要寄宿在其他生物的细胞里才能生存。

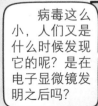

病毒这么小，人们又是什么时候发现它的呢？是在电子显微镜发明之后吗？

恰恰相反，在电子显微镜发明前，就有人注意到病毒了。

啊吧啦啊咔啦时空转移

伴随着魔法咒语，大家来到了19世纪的俄国。

阳光姐姐，这是什么植物啊？怎么长成这个样子？

这是一种烟草，只不过它感染了病毒，得了花叶病，才变成这样的。

你们瞧，有人过来了！

只见一个留着大胡子的俄国人从远处走了过来。他蹲在烟草前观察了一会儿，分别采了一些患病的烟草和没病的烟草。

他是谁啊？

这位就是发现病毒的俄国生物学家——伊万诺夫斯基。看样子他要用那些烟草做实验，咱们跟上去看看。

啊吧啦 啊卡啦
隐身术

阳光姐姐朝大家身上施展了隐身魔法，然后他们一路跟随他回到了实验室。

咦？他在把有病的烟草磨碎，放在水中，这是干吗？

因为伊万诺夫斯基认为烟草患病是细菌惹的祸，所以他现在要过滤掉患病烟草汁液里的细菌，然后将其涂在正常烟草表面，看看它会不会得病。

可是阳光姐姐你说了，烟草得病是因为感染了病毒。

果然，几天后，涂过汁液的正常烟草也得了花叶病。

好吧，看来伊万诺夫斯基的实验失败了。

也不算吧，毕竟他现在知道烟草患病不是细菌所导致的了。

对，看到这样的实验结果后，伊万诺夫斯基有了一个新的猜测：是一种比细菌还要小的微生物让烟草得病的，他还将这种推断出的微生物命名为"滤过性病毒"。

47

那后来他亲眼见到病毒了吗？

很遗憾，并没有。电子显微镜是在20世纪30年代发明的，那个时候，伊万诺夫斯基已经去世了。不过，后来的科学家在研究动物口蹄疫时，证明了"滤过性病毒"的存在，伊万诺夫斯基也因此成了发现病毒的"第一人"。

在魔法的作用下，一转眼，大家又回到了阳光姐姐的家里。

病毒好厉害啊！既能让植物生病，又能感染动物。

阿呆，病毒不会感染所有生物。

对，根据被感染的对象，专家把病毒区分为植物病毒和动物病毒等。一般情况下，植物性病毒只能感染植物，动物性病毒只能感染动物。

原来如此，看来病毒很挑剔嘛。

48

不光这样，病毒还会根据自己的"喜好"选择寄生的位置呢！

好家伙，区区病毒还挺嚣张。

就是，早晚把它们消灭掉！

要是真有那么容易，前不久的流感也就不会出现了。

为什么有那么多人得了流感啊？病毒传播得那么快吗？

这个和病毒繁多的传播途径有关，空气、体液、排泄物、呕吐物、食物甚至水源，都可以成为病毒的传播媒介。

传播媒介这么多，简直让人防不胜防。

阳光姐姐，病毒是怎么繁殖的啊？

关于这个问题咱们还是亲自去瞧瞧吧！

啊吧啦 啊咔啦 缩小魔法

在魔法的作用下，大家全都变成了纳米大小，然后在隔离罩的保护下，进入了一株植物内。

这就是植物的内部吗？魔法可真神奇！

快瞧，那是病毒吗？它在做什么？

大家顺着兔子指的方向瞧去，发现一个奇形怪状的病毒正围着细胞打转。

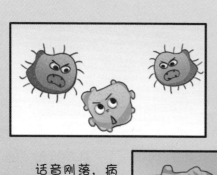

话音刚落，病毒就"挤"进了细胞内部。而细胞则慢慢干瘪下去。

咱们现在看到的是病毒准备寄生细胞的场景。过一会儿，它就会钻进细胞里。

哎呀，细胞这是怎么了？

病毒在进入细胞内部后，会在第一时间吸收细胞内的养分，然后进行繁殖。

病毒也是像细菌那样靠分裂繁殖的吗？

病毒没有细胞结构，所以在进入细胞后，它会利用里面的物质复制自身的遗传物质来繁殖后代。等到病毒繁殖到一定数量后，它们就会破坏掉细胞，向下一个目标动手。

随后，大家亲眼看到一群病毒突破细胞壁，扬长而去。

病毒可真暴力！

是啊，有没有办法对付它们啊？

这个倒是有。你们还记得每年学校都会组织接种疫苗吗？

当然记得，打疫苗可疼了！

其实，接种疫苗就是人们为了消灭病毒而研究出的手段。

原来如此！

抗生素吃多了会产生超级细菌，那疫苗呢？不会有什么问题吧？

这个倒不用担心。不过和细菌比起来，病毒也不是什么省油的灯。走，咱们跟上那些病毒。

大家一路尾随病毒部队。忽然，兔子发现其中有几个病毒的外表变得和同类不一样了。

这是怎么回事啊？

这其实就是病毒的变异现象。

变异？难道就像那些科幻电影里变异的生物一样？

真是可怕的病毒。

没错。为了能生存下来，个别病毒会改变自己的遗传物质，摇身一变，成为一种新的病毒，而人们把这样的过程称作变异。

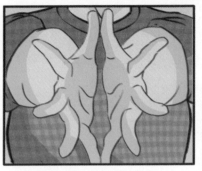

探索完后，阳光姐姐解除了魔法，大家变回了原来的样子。

阳光姐姐，除了接种疫苗，还有没有别的方法能预防疾病啊？

免疫

当然有啊。我们自身的免疫系统就是预防疾病的最佳屏障，平时不挑食，养成良好的生活习惯，强身健体，疾病就不会找上门来啦。

算上我们！

从今天起，我一定要好好锻炼身体！

溜入身体内的病毒

如果把细胞比喻成一座房子的话，那么细胞只会欢迎替自己运送养料的朋友进来，而会把心怀歹意的病毒拒之门外。不过即便细胞千方百计地把病毒挡在外面，有些病毒也能找到机会偷偷溜进细胞内搞破坏。另外，病毒有的喜欢跑到喉咙，有的喜欢待在鼻子里，还有的喜欢流窜到大脑。

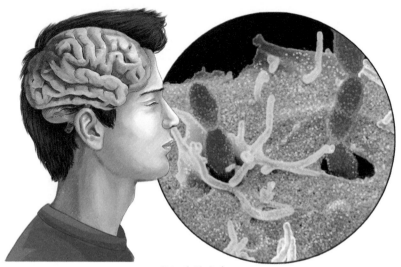

入侵细胞的病毒

发明疫苗的人

19 世纪的欧洲，流行着一种恐怖的疾病——狂犬病。这是一种非常可怕的传染病，当发病的犬咬人后，被咬的人也会发病，历经痛苦后死亡。为了治疗狂犬病，法国的科学家巴斯德潜心研究多年，用感染狂犬病病毒后多次传代的兔子的脊髓，经过干燥减毒等手段成功制成了狂犬病疫苗。

给小男孩注射疫苗

1885 年，巴斯德用颤抖的手将还没有经过人体实验的狂犬病疫苗注入了一名被狂犬咬伤的 9 岁小男孩体内。直到痊愈小男孩也没有发病。就这样，人类历史上的第一支疫苗研制成功，巴斯德名留青史。

千变万化的病毒

　　病毒不会循规蹈矩地一成不变，它们经常会发生各种奇妙的变化，我们把这种现象称为变异。其中最有代表性的就是我们都很熟悉的流感病毒。

　　每年季节更迭、天气变化的时候，流感病毒就会到处兴风作浪。为了对抗它们，人们总要提前进行预防。然而，这种预防并不是每次都管用的，很多流感病毒在一段时间后会突然发生变异，使人们措手不及。

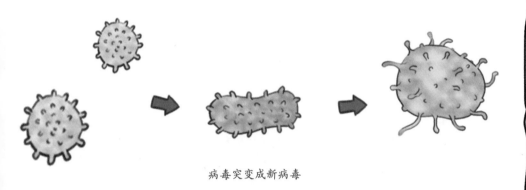

病毒突变成新病毒

噬菌体

　　除了动物病毒和植物病毒外，还有一种特别的病毒。它们寄生于细菌的细胞。这种奇特的病毒对人和动物无害，却是细菌的天敌。它们寄生后，往往会快速增殖，最后杀掉寄主，因此被称为噬菌体。

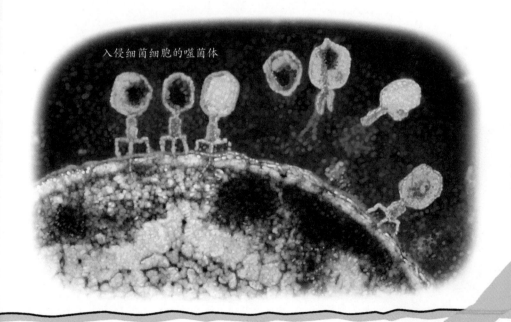

入侵细菌细胞的噬菌体

真菌不只包括蘑菇

$\boxed{阳}$光姐姐的朋友在山上采了很多蘑菇，送给她一些。看着摆在面前的一筐蘑菇，阳光姐姐有些犯愁，到底怎样才能把它吃完呢？忽然，她想到了亲爱的同学们。同学们来到阳光姐姐家后，发现饭桌上已经摆了不少菜。

本期出场人物：惜城、朱子同、阿呆、咪咪、阳光姐姐

可阳光姐姐，真菌不是和细菌、病毒一样都是微生物吗？

同学们，别紧张。蘑菇虽然的确是真菌，但是它是可以食用的哟。

看来子同做了不少功课呀。没错，很多真菌都是肉眼看不到的，但也有一些种类能用肉眼看到，比如蘑菇。

吓死我了，我还以为真菌全都是不能吃的呢！

阿呆，你的胆子也太小了。

其实也不能怪阿呆，谁让咱们之前接触的微生物都不太友好呢！

我倒是第一次知道蘑菇是真菌，以前我还以为它是种植物呢。

原来很多学者也是这么想的，直到他们发现真菌和植物有着巨大的区别。

什么区别呀？

难道是光合作用？

没错。植物可以进行光合作用，合成养分来成长，但真菌不行，它只能从其他有机体中汲取营养。

感觉有些像偷懒的寄生虫。

阳光姐姐，那除了蘑菇以外，真菌还有哪些啊？

那就很多了。像霉菌啦，酵母菌啦，都属于真菌。

霉菌……

那我们在哪才能见到真菌呢？

59

这跟真菌的特性有关。它们不能进行光合作用，一些阴暗潮湿的环境是真菌成长的乐园。

难怪我的面包没过多久就长霉了。

我家里墙壁的角落也长了霉斑，看来是湿气有点重。

肉眼不是看不到吗？为什么食物发霉后，我可以在食物表面看到霉斑呢？

我想应该是数量太多了吧。

那真菌又是怎么繁殖的呢？

像细菌那样分裂吗？

是的。真菌虽然也是微生物，但比起病毒、细菌，它的个头要大上不少。当它们大量繁殖后，就会呈现出我们肉眼看到的样子。

分裂倒是分裂，只不过真菌是有丝分裂，细菌是细胞分裂。

有丝分裂？

对，拿霉菌举例子吧。霉菌的种子，也就是孢子在空气中飘浮时，偶然遇到一个符合条件的宿主，它就会落在其表面，长出细丝状菌丝，牢牢寄生其上，然后分泌一种叫"酶"的物质，利用它来分解宿主，吸取养分，从而繁殖出新的霉菌。

我都迷糊了。

我也似懂非懂。

啊吧啦
啊咔啦
无中生有

好吧，这种时候，我们就需要一台显微镜了！

在魔法的力量下，一台显微镜被阳光姐姐变了出来。

今天我们要观察的素材就是这块发了霉的面包。

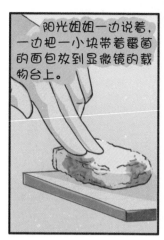

阳光姐姐一边说着，一边把一小块带着霉菌的面包放到显微镜的载物台上。

女生优先，我先来看看。

咪咪把眼睛凑到目镜前，发出了短促的惊呼声。

我看是女汉子还差不多。

悄悄地

悄悄地

呀，这就是霉菌啊！毛茸茸，还挺可爱的。

听到咪咪这么说，同学们相继凑到目镜跟前，观察起了霉菌。

真的呢。

还是显微镜靠谱，这下把霉菌看得一清二楚了。

看来真菌也不是什么好东西。

你想，霉菌能让食物发霉，人们吃了就会生病，而霉菌又是真菌的一种，真菌怎么会是好的呢？

你怎么这样说？

我觉得真菌确实有些坏。

子同，你有些武断了。的确，有些真菌会让食物发霉，阻碍植物成长，使皮肤生病，含有毒性……

不要打岔，听阳光姐姐讲。

即便有的真菌有这样那样的缺点，但这并不代表所有真菌都是坏蛋哟。

63

我就觉得嘛，不能一棒子打死全部真菌。

难道有些真菌还对人体有益？

当然。我们在使酱油、豆瓣酱的原料发酵时，离不开真菌的帮助；制作面包时，有真菌的参与才能让面包变得酥软，口感更好。

1.蒸豆

2.发酵

3.酿制

4.曝晒

原来面包是用真菌发酵才变得好吃的啊。

面包也是因为真菌发生霉变的。

这还真是成也真菌，败也真菌啊。

不仅如此，你们听说过盘尼西林吗？

盘尼西林？是不是青霉素啊？

青霉素我知道，我以前还打过青霉素的针呢！

对，青霉素是人类发现的第一种抗生素，其实它就是人们利用真菌的成果！在20世纪，青霉素挽救了无数人的生命！

哇，真菌可真厉害！不仅是食物，还能治病救人，简直就是劳模啊！

子同，这回你可不能用老眼光去看待真菌了。

嘿嘿，知道了。

65

蘑菇：肉眼可见的真菌

众所周知，蘑菇和霉菌都是真菌，蘑菇的体形较大，用肉眼就可以观察到。它们与植物不同，看起来像"根"的部分只是由菌丝交集而成的菌丝体。伞状菌盖的内侧呈褶皱状，里面藏有很多孢子，一有机会，孢子就会脱离菌盖，到处飘浮，等到了适宜的环境，就会"生根发芽"，长成新的蘑菇。

值得一提的是，蘑菇虽然大多味道鲜美，但千万要注意，蘑菇中还有不少有毒的品种，切记要分辨清楚。

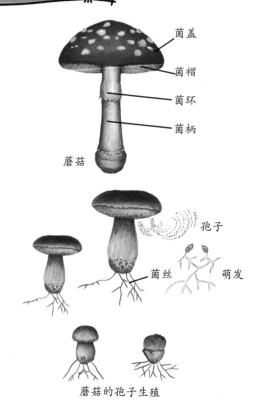

蘑菇

菌盖
菌褶
菌环
菌柄

孢子
菌丝
萌发

蘑菇的孢子生殖

发酵不等于腐败

在包括真菌在内的微生物的作用下，原本的有机物往往会被分解。而这种情况通常有两种结果：第一种，有机物在微生物的分解作用下，制造出另一种美味的食物，这种有益的情况被称为发酵；而第二种情况则是在有机物被分解的同时，产生了有害物质，通常会散发恶臭，这种现象叫腐败。

面团发酵

水果腐败

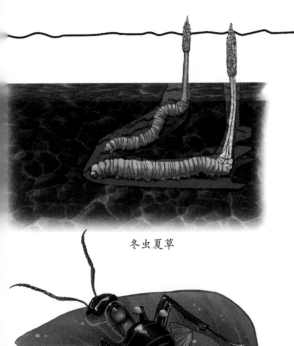

冬虫夏草

被真菌寄生的蚂蚁

真菌寄生的人与动物

真菌无法进行光合作用，营养没办法自给自足，于是只好寄生于其他生物。对人和动物而言，绝大多数真菌都是无害的，但也有一些真菌十分不友好。

真菌病指的是人体因为真菌感染而患上的疾病，像花斑癣、手足癣、脚气等。对于动物，有的真菌会寄生在其身上，不断吸取营养，有些甚至能控制动物的神经活动，"取而代之"，比如"僵尸蚂蚁"就是这样的例子。

真菌的馈赠——青霉素

很多人都知道青霉素（音译为盘尼西林），但很少有人清楚它的发现和真菌有着重要的关系。1928 年，英国科学家弗莱明在研究葡萄球菌时，葡萄球菌的培养皿中意外地出现了一种真菌——青霉菌。他震惊地发现，青霉菌杀死了周围的葡萄球菌。弗莱明意识到，青霉菌很有用。于是，他提取了青霉菌分泌的物质，并将其命名为青霉素。

青霉素不仅对伤口感染、腐坏有奇效，还能有效治疗肺炎等疾病，挽救了许多人的生命。

弗莱明和青霉素

极端环境下的古生菌

在 今天的课堂上，阳光姐姐提到了微生物的生存环境。午休时间，同学们为此展开了激烈的讨论。阿呆觉得只有阴暗潮湿的地方才会有微生物；惜城却认为连人体内部都有微生物生存，它们生活的地点又怎么会有局限呢？兔子也难得地同意惜城的说法，觉得微生物可以在任何环境中生存。但江冰蟾觉得，起码在高温的环境下微生物是没办法生存的。这时，阳光姐姐走了过来。

本期出场人物：惜城、阿呆、兔子、江冰蟾、阳光姐姐

> 我们在讨论微生物不能在哪里生活。

> 你们在讨论什么呢？

> 阳光姐姐，高温环境下，微生物不可能生存吧？

对呀，不是都说高温杀菌吗？

这么说，我们喝的开水里都是微生物的尸体了？

你快别说了，我鸡皮疙瘩都起来了！

同学们，高温虽然能杀死绝大部分微生物，但对于一些特殊的微生物而言并没有什么作用。

什么啊？

它叫古生菌，很可能是地球上最古老的生命体。

古生菌？它和细菌有什么关系吗？

难道是细菌的古代品种？

我觉得它的情况应该和蓝细菌类似，虽然名字里也带着"菌"，但和细菌有着明显的差别。

阿呆说得对。古生菌是一种不同于细菌的微生物。它虽然跟细菌一样，也没有真正的细胞核，但两者其实差异很大，并不是同一种类的微生物。

那古生菌生活在什么样的环境里啊？

这个啊，还要你们亲眼去见识一下。

啊吧啦
啊咔啦
时空转移

清新的海风拂过大家的脸颊。原来，他们来到了海边。

咦？不是要去看古生菌吗？怎么到海边了？

因为咱们的目标在海底哟！

说完，阳光姐姐用魔法变出了潜水艇，同学们坐上它慢慢下潜。

哇，海底世界可真漂亮啊！

快看，那条鱼真好看。

拜托，咱们这次不是来观光旅行的！

阳光姐姐，古生菌是什么时候被发现的啊？

跟其他微生物比起来，古生菌的发现时间要晚得多，直到 20 世纪 70 年代末，人们才正式确定了古生菌这一门类。

我怎么感觉有些热啊？

这是因为我们快要到了。

同学们趴在窗前向外望去，只见一股股黑水从海底向上喷涌。

这是什么？看上去像黑烟囱一样。

它的名字是"海底热泉"，也叫"海底黑烟囱"，类似于海底火山，会从海底向外涌出热水，其周围的温度甚至能达到350℃！

天啊！平时烧的开水也就100℃，这么高的温度，微生物真的能活下去吗？

而且这里还有好多稀奇古怪的生物啊！

都到这一步了，亲眼看看不就什么都清楚了吗？

同学们换上特制的潜水服，游到海底热泉边，用特殊的容器装了一瓶海水样本回来。

今天我要看看你的真面目！

惜城用滴管吸取瓶中的样本海水，滴在了显微镜载物台上。

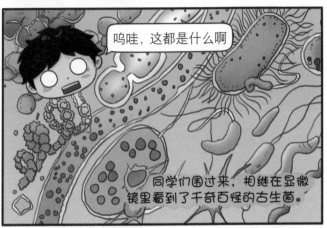

呜哇，这都是什么啊

同学们围过来，相继在显微镜里看到了千奇百怪的古生菌。

阳光姐姐，那些奇形怪状的微生物就是古生菌吗？

对，目前发现的古生菌形状有很多。球状、杆状、盘状、螺旋状、耳垂状、不规则形状等，应有尽有。

事实上，截至目前，人们发现的古生菌大多在各种极端环境下生存。比如这些生活在海底热泉周围的古生菌，它们活跃在超过100℃的高温环境，如果温度过低的话，它们就会停止活动。

它们为什么要生活在海底热泉这样的环境里呢？

73

既然古生菌能在恶劣环境下生存，那么除了海底热泉，它们还生活在哪里呢？

除了高温环境外，很多古生菌也能在高酸、高碱、高盐等极端环境中生活。比如火山口、盐碱湖、碱池、酸性热水等，都有古生菌活动的迹象。

这么看来，古生菌还真是和其他微生物不一样呢。

古生菌是怎么在恶劣的环境里生存下去的啊？

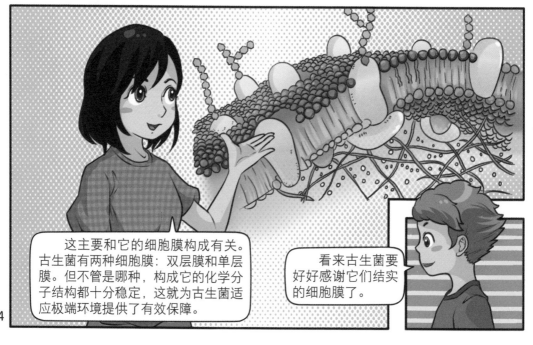

这主要和它的细胞膜构成有关。古生菌有两种细胞膜：双层膜和单层膜。但不管是哪种，构成它的化学分子结构都十分稳定，这就为古生菌适应极端环境提供了有效保障。

看来古生菌要好好感谢它们结实的细胞膜了。

阳光姐姐，古生菌都有哪几类啊？

目前人们将古生菌大致分成了五种：喜欢高温环境的极端嗜热硫代谢菌，生活在盐分较高的环境的极端嗜盐菌，硫酸盐还原菌，无细胞壁古生菌，居住在沼泽的产甲烷古生菌。

有没有喜欢在冰天雪地里生活的古生菌呢？

好像还真有。我看过一篇报道，说人们已经在极地发现了嗜冷古生菌活动的痕迹。

哇，听上去好厉害啊。

不仅如此，由于这些极端环境比较接近地球刚诞生时的环境，所以一些学者认为，研究这些古生菌，很可能对破解地球生命起源的谜题有很大帮助。

太棒了！

大家并没有在海底久留，很快回到了海岸边。

还好我没有"深海恐惧症"。

是啊，海底世界虽然美丽，但也比不上脚踏实地舒服。

总算回到陆地上了。

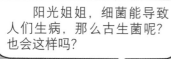

阳光姐姐，细菌能导致人们生病，那么古生菌呢？也会这样吗？

一直以来，人们都认为古生菌不会引起疾病。但最近，科研人员却在一些脑脊髓炎患者体内发现了古生菌。这是人们首次发现可以感染人类的古生菌。

别担心，这也不完全是坏事。它可以让人们搞清楚一些慢性病以及炎症的发病原因。

啊？这可怎么办？

咦？原来古生菌还有这种用处啊。

我也是第一次知道。

不止这样。人们对古生菌的研究越深入，就越能发现它们的意义。除了刚刚提到的医学，在生物学、化工等方面这些研究也有着极大的帮助。

厉害了，我的菌！

呀，都这个时间了，午休要结束了！

时间过得真快，阳光姐姐您快把我们送回去吧！

好的，同学们！

话音刚落，阳光姐姐就施展魔法，让大家回到了教室。

77

复杂的古生菌

古生菌是有别于人们熟知的细菌的一种生命形式。它们的结构虽然和细菌有些类似，但实际上却存在很大不同，在具备了原核生物特征的同时，它们也具备了一些真核生物的特征。更重要的是，古生菌还有原核与真核生物都没有的特征。它的结构要比细菌复杂一些，不过没有动物和人体细胞功能健全。

显微镜下的古生菌

一种嗜热古生菌

被发现的古生菌

在 20 世纪 70 年代以前，世界上并没有古生菌这个概念。这是因为古生菌生活在各种极端环境中，而受当时科学水平的限制，人们还没有发现它们。

1977 年，科学家发现了海底热泉，并在这样的极端环境中发现了顽强生存的古生菌。经过研究，人们发现大多数古生菌直径在 0.1 到 15 微米，也有长度达到 200 微米的种类。

三域系统

1977 年，一位叫卡尔·乌斯的科学家发表了一篇论文，向世人公布了自己有关"三域系统"的假说。

什么是三域系统呢？这是一种细胞生命形式的重新分类。在卡尔·乌斯的设定里，所有细胞生命被划分为真细菌域、古生菌域与真核生物域。他认为这三个域的生物是由一个共同祖先分别演化来的。卡尔·乌斯的假说轰动了世界，他自己也凭借此假说成为学术界的权威人物。

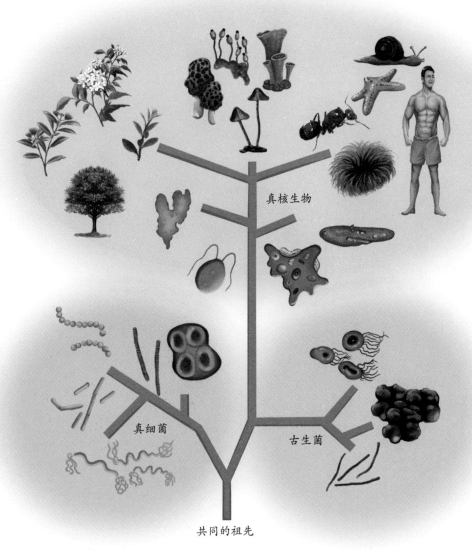

真核生物

真细菌

古生菌

共同的祖先

三域系统

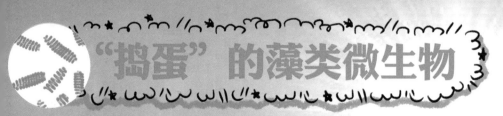

"捣蛋" 的藻类微生物

天可真热啊，口渴难耐的阿呆打算烧点水喝。可他拧开水龙头后，却发现停水了。正当他感到纳闷时，电话铃响了起来。电话是咪咪打来的。从她的口中，阿呆得知，原来不止自己家停水，其他人家也是这样，街上有很多人去超市买矿泉水。看来是一场大范围的停水，是什么原因造成停水的呢？为了弄清事实的真相，同学们决定去找阳光姐姐，询问到底发生了什么。

本期出场人物：朱子同、张小伟、阿呆、咪咪、阳光姐姐

到底发生了什么？

我来的时候，看到很多人都拎着矿泉水。

咱们赶紧去找阳光姐姐吧。

难道是世界末日快到了？

就在同学们准备走进小区，去找阳光姐姐时，一辆汽车停在了他们的面前。

大家先上车，有什么事上车再说。

我知道同学们心里有很多疑问，赶路的时候，我会一一给你们解答。大家应该已经注意到停水的问题了吧？

听阳光姐姐这样说，大家连忙拉开车门坐上车。

这次停水的规模好像还挺大的。

是啊，我本来还想烧一壶水的。

我正在洗水果呢！

其实这是因为附近的淡水暴发了水华，污染了水源。

水华?

我记得，水华是一种由于微生物过度繁殖而引起的自然现象。

没想到居然是微生物惹的祸。

过了一会儿，阿呆抽了抽鼻子，脸色一变。

哇，怎么突然这么臭！

大家戴上口罩，前面就是了。

车子在一片泛着恶臭的绿油油的水域前停下了。

我的天，这片湖泊怎么变成这样了？

我记得水华是蓝藻引起的吧。

不止蓝藻，还有一些微生物也会引发水华现象。

那么小的微生物，居然能把整个湖面染成绿色？

只要生活在条件适宜的环境里，微生物就能够大量繁殖，在很短的时间内达到可怕的规模。

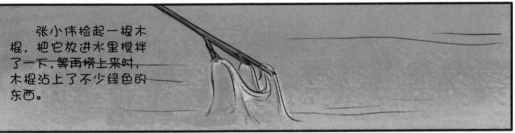

张小伟捡起一根木棍，把它放进水里搅拌了一下，等再捞上来时，木棍沾上了不少绿色的东西。

这些都是什么微生物啊？怎么还是绿色的呢？

它们是绿藻。

咦？绿藻不是藻类吗？怎么成了微生物？

对啊，我记得海带、紫菜这些好吃的都是藻类，难道它们也是微生物？

事实上，藻类的品种有很多，有绿藻、红藻、褐藻、硅藻等。那些小到需要用显微镜才能观察到的藻类才属于微生物。

阳光姐姐说着从后备厢里拿出一个空水桶，捞起半桶发臭的湖水，走了回来。为了让同学们接下来的活动不受干扰，阳光姐姐用魔法变出了一个空气罩，隔离了味道，大家这才摘下了口罩。

阳光姐姐，你拎这么多臭水干吗？

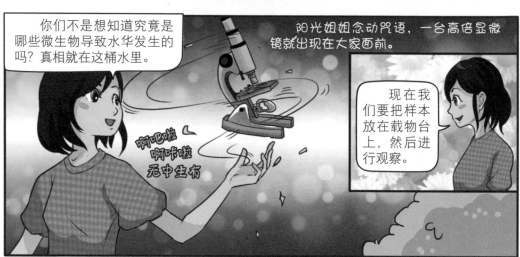

你们不是想知道究竟是哪些微生物导致水华发生的吗？真相就在这桶水里。

啊吧啦
啊咔啦
无中生有

阳光姐姐念动咒语，一台高倍显微镜就出现在大家面前。

现在我们要把样本放在载物台上，然后进行观察。

在阳光姐姐"魔法显微镜"的帮助下，同学们终于见到了引起水华的"凶手"的真面目。

这些微生物怎么像豆子一样？看起来让人很有食欲啊。

它们是小球藻。

这个微生物细细长长的……

那是新月藻。

那这个和阿呆一样圆的微生物呢?

那是团藻。

你才长得圆呢!哼!

阳光姐姐,除了这些,还有其他藻类微生物吗?

这些微生物都属于绿藻吗?

是的,它们的叶绿体中含有叶绿素,所以颜色都是绿色的。

那可就多了。除了绿藻类以外,很多硅藻类植物的体形也很小,它们在水中过着浮游生活,被称为浮游植物。

浮游植物？我知道，它们能进行光合作用，吸收二氧化碳。另外，它们还是很多动物的食物，是食物链中很重要的部分。

食物？它们也能吃吗？

阿呆，不要提到吃就这么兴奋，你看看这一大片绿藻，还有食欲吗？

如果这就是我们的食物，我大概就能成功减肥了。

其实一些藻类微生物经过加工，是可以变成人类的食物或药物的。

如果不是大量繁殖造成了水华现象，其实它们也是"好藻"啊。

那它们是怎么繁殖的呢？

这些藻类微生物一般生活在淡水里或者海洋里，多利用孢子进行繁殖，可以进行光合作用，营养盐是它们最爱的养料。

阳光姐姐，水华现象有什么危害吗？

一定有啊，要不然市区里怎么停水了呢。

过度繁殖的藻类将水面铺得严严实实，把阳光挡在表层之上，会影响下层植物的光合作用，因此减少了水中含氧量，使不少生物缺氧死亡，导致水质恶化。

好可怕！为什么会发生水华现象呢？

原因有很多啊，不过目前最主要的原因是水中包含氮、磷等元素的营养盐类含量异常增长。

异常？不是说水华是自然现象吗？

这种"自然现象"是人为导致的。

这是怎么回事?

每天,生活污水都会通过下水道向这里排放,另外,田地里喷洒的肥料会顺着雨水流向这里,还有化工厂排放的工业废水……这些都增加了水中营养盐类的含量,再加上气温升高,藻类就会疯狂地繁殖。

阳光姐姐,他们这是在干吗呢?

这时,大家看到有许多小船驶到湖心,船上的人正把互具探入水中。

他们正在清理水中的绿藻。你瞧,那些人用的是人工打捞的方法,而另外那些人正在朝水里撒生石灰粉,这些都可以比较有效地治理水华。

可我怎么觉得有些治标不治本。

是啊,阳光姐姐,有没有什么办法能避免水华发生啊?

这就需要人们的共同努力了。

首先，生活用水在排放前一定要经过净化处理；其次，要禁止工厂将工业废水排放到江河湖泊里；再次，要避免农业肥料与家畜粪便进入水体；最后，可以让死水流动起来，保证有新的水流入。

是什么办法啊？

我知道啦！这样就能降低水中营养盐类的含量，从源头避免藻类微生物过量繁殖了。

看来保护水质不受污染是很重要的事情啊。

没错，就是这样。

阳光姐姐，叔叔阿姨看起来好辛苦，我们去帮他们治理水华吧！

好的，大家一起行动吧！

好

各种各样的藻类

绿藻：十分常见的藻类。它们的体形有大有小，大的可以达到半米，比如浒苔；小的肉眼难以发现，比如水绵单体。

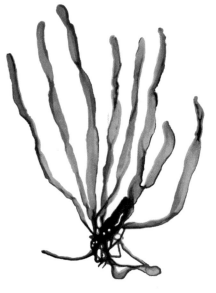

浒苔

水绵

硅藻：微生物藻类，体形小到要用显微镜才能看见。它们的外形往往比较规则，比如星杆藻。

鞭毛藻：奇特的微生物。它们长有一根或一根以上的鞭毛，用来做简单的运动，比如鱼鳞藻。

星杆藻

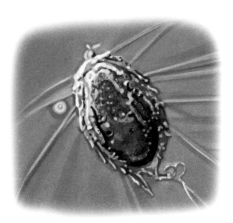

鱼鳞藻

能吃的藻类微生物

　　藻类微生物虽然看上去不像食物，但实际上，它们是可以食用的，当然，经过加工后才可以食用，比如小球藻、螺旋藻。前者是绿藻的一种，通常生活在淡水里，含有丰富的蛋白质、维生素等营养物质，可以作为各种保健品的原料；后者主要生活在各种盐分较高的湖泊里，营养价值比起小球藻毫不逊色，而且十分容易消化，是许多滋补食品的不二选择。

小球藻

螺旋藻

糟糕的富营养化

　　虽然富营养化听上去是一个很好的名词，可事实上，它表示的是一种水质污染的现象。水中的营养盐是藻类生存的必需品，然而，营养盐含量一旦异常增长，就会带动藻类的异常增殖。藻类数量增加了，水中以藻类为食的动物数量也会增长，但别忘了，水中氧气的含量是有限的。生物的大量繁殖，使氧气含量大幅度降低，等低于生物能承受的最低点后，各种生物就会纷纷因为缺氧而死亡，发生富营养化的这片水域也会因此变成"死水"。

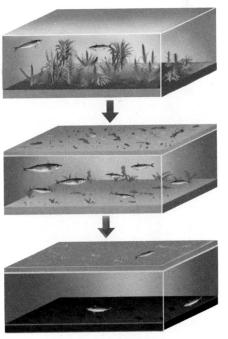

水质富营养化发展的过程

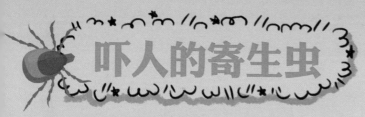

吓人的寄生虫

连绵的阴雨天终于过去了，天空久违地放了晴。在阳光姐姐的提议下，大家决定到植物园散步，顺便呼吸一下雨后清新的空气。大家走着走着，阿呆忽然猛地拍了自己的脖子一下，发出了"啪"的一声。

本期出场人物：惜城、阿呆、张小伟、兔子、阳光姐姐

> 我是在打蚊子。不信你看。

> 真的，它还吸了血呢。

> 小心蚊子传播疾病啊。

> 阿呆，你没事打自己干吗？

你听谁说的?

书上写的啊。上面讲蚊子会传播疟疾,害了不少人呢!

小伟,不是所有蚊子都会传播疟疾的,只有按蚊才行。

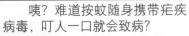

咦?难道按蚊随身携带疟疾病毒,叮人一口就会致病?

惜城,疟疾可不是病毒引发的疾病。它的发病原因是一种叫疟原虫的寄生虫。

寄生虫!

疟原虫寄生在按蚊身上,并在它的胃里繁殖。被被寄生的按蚊叮咬后,人们就会被感染上疟疾。

入侵人体

胃里繁殖

寄生虫也属于微生物吗？

你可别弄错了，寄生虫是一个大家族，只有那些体形小到必须要用显微镜才看得清的才属于微生物。有的寄生虫体形很大，长度甚至超过1米！这种就不是微生物。

不愧是学霸！佩服，佩服！

我有些搞不懂，寄生是一种怎样的生活方式呢？

寄生虫不能独立生活，必须要寄生在其他生物的身体里，而被它们寄生的"可怜蛋"被称为宿主。寄生虫会掠夺宿主体内的营养，并给宿主带来各种疾病。

难怪电视里总把一些坏人称为寄生虫。

那只是一种比喻。

寄生虫是怎么繁殖的啊？

我觉得它会像细菌那样分裂繁殖。

没准和真菌一样是有丝分裂呢。

反正不可能像病毒那样自我复制。

寄生虫的繁殖方式比较特别，绝大多数都像昆虫一样，由雌性和雄性进行交配后产卵繁衍后代。

还挺普通的。

不过放在微生物里，倒是挺特立独行的。

95

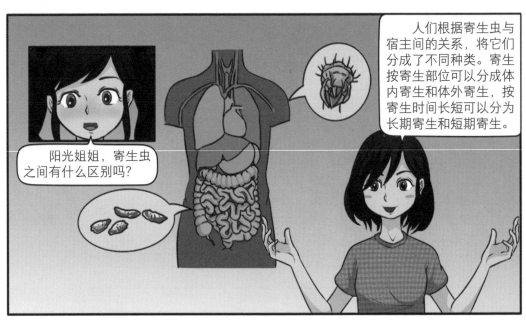

人们根据寄生虫与宿主间的关系，将它们分成了不同种类。寄生按寄生部位可以分成体内寄生和体外寄生，按寄生时间长短可以分为长期寄生和短期寄生。

阳光姐姐，寄生虫之间有什么区别吗？

说起来，刚刚阳光姐姐是说过，寄生虫会传播疾病吧？

嗯，这就触及我的知识盲区了。

对啊，你没听错。

那它们是怎么传播的呢？

你的知识盲区范围挺大啊。

以疟原虫为例。它们寄生在按蚊体内，在它的唾液里产卵。当按蚊叮咬人类时，会向人体注射唾液，而疟原虫也跟随唾液"流"入人体内，使人们感染疟疾。

原来是这样啊。

我爷爷跟我讲过，他见过不少血吸虫病患者。那也是一种寄生虫病，对吗？

血吸虫？我好像看过一篇报道，说人们在2000多年前的古尸上发现了血吸虫卵。

血吸虫病是一种叫血吸虫的小寄生虫引起的疾病。在过去，人们饱受这种疾病的折磨，直到20世纪90年代末，这种病才得到了有效控制。

阳光姐姐，得了血吸虫病，一般有什么症状啊？

处于早期的患者会咳嗽，感觉胸痛。随着病情的加重，患者会出现发热的现象。如果不能及时得到救治，到了晚期的患者会体形消瘦，腹部却因为积水以及脾脏异常的关系而膨大。因此血吸虫病也叫"大肚子病"。

为了让大家了解血吸虫病，阳光姐姐用魔法把大家带到了西汉时期的村庄，并给大家换上了汉服。

阳光姐姐在村庄里向一位老者询问了血吸虫病的信息。

你是说大肚子病？唉，村子里已经有不少人患病了。

那你们平时在哪取水啊？

就在村子西边，村里人都会去那条河取水用。

谢过老丈了。

一行人告别老者后，向河边走去。

我猜一定是因为血吸虫生活在水中。

阳光姐姐，咱们为什么要去河边啊？

兔子真聪明，一下就猜对了。

学霸威武！

在交谈间，大家很快来到了河边。

血吸虫，你在哪啊？快出来！

血吸虫，我喊你一声，你敢答应吗？

你们的行为真幼稚。

阳光姐姐，血吸虫在哪儿呢？

稍等，我这就给你们捞上来。

说完，阳光姐姐用魔法变出一个打捞网，从水中捞出了几个奇怪的生物。

这是血吸虫？看起来不像啊？

这些是血吸虫的重要宿主——钉螺。

99

它们看起来又尖又长，怪不得叫钉螺。

血吸虫的成长过程比较复杂。它们的虫卵会在条件适宜的水域孵化，这个阶段的血吸虫体表长有纤毛，可以自由活动。它们遇到钉螺后，会主动寄生，并掠夺对方的营养以成长发育。

那人们是怎么感染上血吸虫病的？

血吸虫不会一直待在钉螺中，成长到一定阶段，就会跑进水里。这时，只要有人在水中经过，血吸虫就会钻进人的皮肤里。另外，人如果直接喝生水，也有得病的危险。

血吸虫可真是坏！

我明白了！这么多古人会得血吸虫病，他们一定经常喝不干净的生水。

而且他们总在田里劳作，难免要接触到血吸虫。

那后来血吸虫病是怎么得到控制的呢？

中华人民共和国刚成立的时候，仍有很多人生活在易患血吸虫病的环境中。为了消灭它，人们付出了巨大的努力，不仅大面积消灭钉螺，还翻修河道，破坏血吸虫的生活环境。几十年后，人们有效控制了血吸虫病。

哇，真是个大工程啊！

认识了血吸虫，阳光姐姐就念动咒语，一眨眼，大家又回到了现代。

是不是很多寄生虫都会使人生病啊？

除了疟疾、血吸虫病以外，昏睡症、阿米巴病等都属于寄生虫病。大家以后一定要讲卫生，养成良好的生活习惯，只有这样我们才能保持身体健康，不被寄生虫病侵害。

好的！

寄生生活

一些低等生物在生物演化的过程中逐渐失去了自主生活的能力，只能长期或短时间地依附于另一种生物的身体，从中获取营养来维持自己的生存，这些生物就是寄生虫。绝大多数寄生虫会选择肠、眼睛等部位寄生。显然，对大部分寄生虫而言，那些部位要更适合生活。

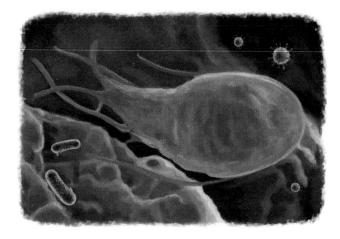

寄生虫蓝氏贾第鞭毛虫电子显微镜照片

疟疾感染人类

蚊子在叮咬人类时，为了能顺利吸食到血液，会主动释放防止血液凝固的唾液。而寄生在按蚊体内的疟原虫会随唾液一起进入人体内。疟原虫在进入人体后，会抢夺红细胞的营养，不断成长，大量增殖，使人患上疟疾。

疟疾是一种致死率很高的疾病，即使是成年人也无法抵御它，未成年的孩子就更没办法对抗了。每年世界上都会有很多孩子因为疟疾死亡。

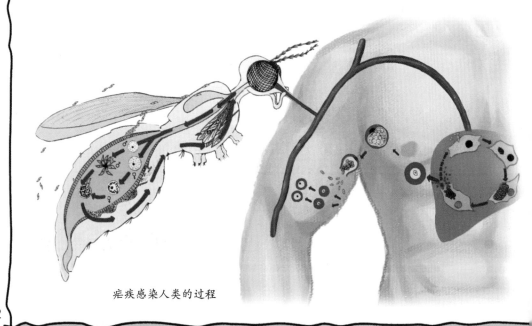

疟疾感染人类的过程

人体内的血吸虫

血吸虫的外观和人们印象里的虫子差不多。雄虫的身体既扁又平，长着几个吸盘，可以用来吸附物体；雌虫的体形细长，像一条细线一样。

血吸虫从外部进入人体后，会跟随血液流动，然后在肝脏的位置安家。因为那里糖分含量较高，可以满足它们的成长需要。

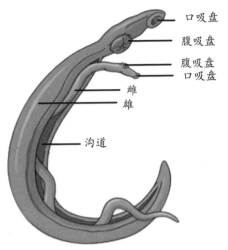

雌性与雄性血吸虫

操纵宿主的寄生虫

在寄生虫的家族里，有部分成员常常要寄生两个宿主才能完成生命的轮回，它们要在一种宿主身上出生，然后到另一种宿主体内繁殖。有一种双腔吸虫就是这样，它们在蚂蚁体内诞生，然后又到牛羊的体内繁殖。

它们是怎么做到的呢？答案很简单，那就是操纵宿主行动。双腔吸虫寄生蚂蚁后，会接管蚂蚁的神经系统，然后使它们爬到草叶上，等待路过的牛羊进食，这样就可以顺利进入下一个宿主体内了。

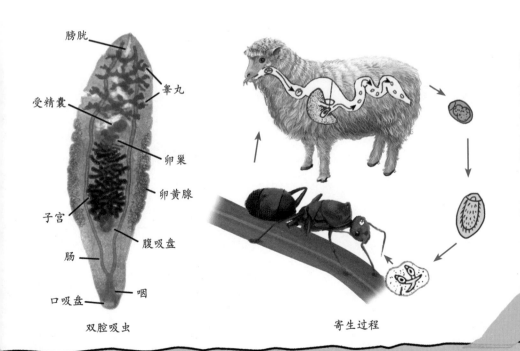

双腔吸虫

寄生过程

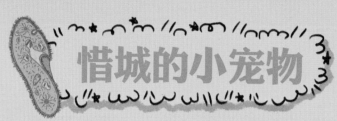

惜城的小宠物

最近，惜城神秘兮兮的，经常神龙见首不见尾，连聚会也不像以前那样随叫随到了。同学们既好奇，又担心。好奇的是惜城最近在忙些什么；担心的是，惜城会不会一直忙自己的事，忘了大家。阳光姐姐在知道同学们的想法后，决定带大家一起到惜城家瞧瞧去。

本期出场人物：惜城、朱子同、兔子、咪咪、阳光姐姐

这个等会再说，大家快进来吧。

说完，惜城打开门，把大家迎进屋，并迅速准备好茶水和水果招待大家。

惜城，你这段时间忙什么呢？连大家的聚会也不常去了。

是啊，你跟我们讲讲呗。

没什么，就是最近养了小宠物。

都不是。你们在这里等我一下。

咦？宠物？在哪呢？是小猫还是小狗啊？

说完，惜城站起来走进自己的房间。

你们说惜城养的宠物是什么啊？

我觉得有可能是毛茸茸的仓鼠。

刺猬？

不会是金鱼吧？

我有预感，惜城的宠物应该非比寻常，大家拭目以待吧。

很快，惜城就从房间里出来了，手上还拿着一个矿泉水瓶。

当当当！这就是我的宠物。

惜城，你的宠物是一瓶水？

对啊，哪有宠物啊？你不会是在骗我们吧？

惜城，你就别卖关子了，快公布答案吧。

既然阳光姐姐这么说了，我就告诉你们吧。我的宠物就生活在这瓶水里，它叫草履虫。

草履虫！

对，没想到吧！

你怎么想到把原生动物当宠物养的？

原生动物？哦，你是指草履虫吗？

当然，难道你不知道？像草履虫这样只有一个细胞、形态原始的动物性单细胞生物，就是原生动物的一种。

惜城，你自己的宠物，你都不知道它的品种吗？

107

嘿嘿，我现在不是知道了嘛。

惜城，你该讲自己的故事了。

其实前两天，我突然发现我家的鱼缸里有很多小点点，爸爸告诉我那是草履虫，于是我就有了把它们当宠物的想法。

这么说，那你应该知道很多有关草履虫的知识了？

当然，放马过来。

既然这样，那就请惜城给咱们讲讲草履虫吧。

说完，阳光姐姐用魔法把惜城瓶子里的草履虫投影到半空，并进行了放大。

大家现在看到的就是草履虫放大后的影像。它们的体形很小，大约只有 200 微米，是一种微生物。

惜城老师，那草履虫边缘的那些细毛是什么啊？

问得好。那些细毛叫纤毛，是草履虫的运动器官。运动时，它们会有节奏地摆动纤毛，靠水流的力量向前运动；如果遇到阻碍，就会摆动纤毛转换方向。

惜城老师，那能请你给我们讲一下草履虫的构造吗？

当然。草履虫虽然只有一个细胞，但却"五脏俱全"，可进行完整的生命活动。它有进食的口沟、不断收紧、放松的伸缩泡、一大一小两个细胞核等等。

看来你的功课做得很足嘛。

可不是嘛！

那惜城老师，你为什么不知道草履虫是原生动物呢？

是啊，惜城老师，所有原生动物的结构都像草履虫这样吗？

这个……

每个原生动物的个体都是一个细胞，结构虽然有些差异，但都可以大致分为细胞膜、细胞质以及细胞核。

那该怎么区分它们呢？

这个可以问咱们的惜城老师嘛。

嗯……那个……我只关注草履虫了。

根据原生动物运动方式的不同，它们大致被分为七类。

都有哪七类啊？

肉鞭动物亚门、盘蜷动物亚门、顶复动物亚门、微孢子虫亚门、囊孢子虫亚门、黏体动物亚门、纤毛虫亚门。

这些动物好神奇啊。

那它们都生活在哪啊？

不会只能生活在惜城的矿泉水瓶里吧？

当然不只是那里。原生动物的活动范围很广，除了江河湖海等各种水域以外，在肥沃的土壤，甚至人体中，都有原生动物生活着。

我现在知道它们生活在人体中，一点儿都不惊讶紧张了。

既然原生动物也有动物二字，那么它们是不是也像动物一样捕食呢？

惜城的宠物草履虫呢？它会捕食吗？

倒也不全是，像孢子虫这类原生动物就是靠吸取宿主的营养活下去的。

草履虫是会捕食的，细菌等微生物是它们的主要食物。进食时，草履虫会利用口沟的纤毛把有食物的水流送进体内，在经过酶的分解后，食物被消化到只剩残渣，草履虫再把残渣排出体外。

没想到你懂得挺多嘛。

进食

排泄

作为主人，我当然要了解我的宠物啦！

那惜城，你知道草履虫其实和人类有着千丝万缕的联系吗？

什么？

这到底怎么回事啊？

阳光姐姐，这个我没听说过啊。

事实上，草履虫和人类都属于真核生物。

真核生物是什么啊？

人们把生物大致分为原核生物与真核生物。前者没有完整的细胞核，后者则不同。而以草履虫为代表的大多数原生动物，都有属于自己的完整的细胞核，属于真核生物。

而我们人类的细胞也有细胞核，所以在本质上，人和草履虫是差不多的。

难道我们就是由草履虫进化来的？

也说不定就是这样哟。

天哪，我知道了什么！

好了惜城，你不会让我们一直喝茶水吧？

是啊，这就有点不够意思了。

好吧，为了表达我的歉意，我请大家吃午餐！

哇！

113

原生生物

　　草履虫只有一个细胞，形态非常原始，许多这样的生物在分类上被称为原生生物。据研究，人们发现原生生物大多生活在水中。原生生物虽然包括原生动物与原生植物，但很多成员的外形特征都处于两者之间，没办法对其进行准确分类。

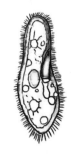

原生生物

原生动物是怎样运动的

　　大多数原生动物都长有运动器官，比如纤毛、鞭毛、伪足等。只要让这些运动器官动起来，原生动物就可以做运动。

　　以变形虫为例，它只是一个较复杂的细胞，由各种原生质构成。所谓的原生质，其实指的就是细胞内所包含的生命物质。每当变形虫想要移动时，它就会向外探出身体一部分构成的伪足，形态不稳定的原生质会流进伪足里，帮助它移动。值得一提的是，变形虫每次移动，都要探出新的伪足，所以变形虫在运动过程中会不断改变自己的形状。

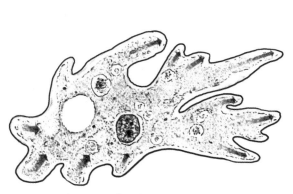

变形虫

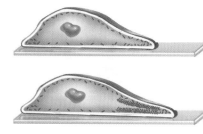

变形虫在运动过程中会不断改变自己的形状。

会捕食的原生动物

别看原生动物体形微小，其中很多成员都有捕食其他微生物的能力，比如草履虫、变形虫等。它们没手没脚，用什么捕食呢？事实上，这些原生动物的运动器官除了能运动以外，还是绝佳的捕食工具。以变形虫为例，它在捕食前会先用伪足移动，缓缓接近猎物，然后再用伪足把对方包裹住，吸收进自己的体内。食物会被困在变形虫体内，形成食物泡，变形虫把养分消化完毕后，再将其排出体外。

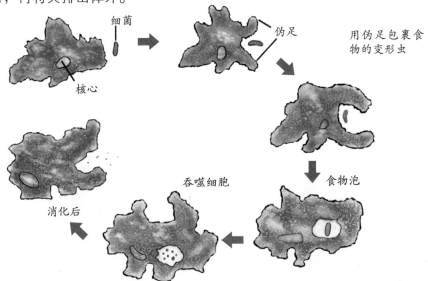

用伪足包裹食物的变形虫

原核生物与真核生物

人们经过漫长的研究后，把世界上所有生物大致分为两类：一类是像细菌、蓝细菌那样既没有完整的细胞核，也没有核膜的原核生物；另一类则是更加健全，具备完整细胞核的真核生物。

显而易见，真核生物要比原核生物更进步，演化程度更复杂、高级。通常情况下，生物的细胞"非原即真"。不过，凡事皆有例外，病毒就既不属于原核生物，也不属于真核生物。

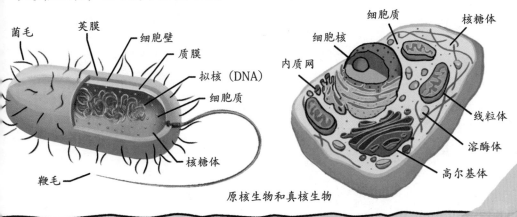

原核生物和真核生物

与生活息息相关的微生物

下个月，学校即将举办艺术节，每个班级都有节目。同学们商量了一阵，决定排个话剧。等到剧本、演员确定后，大家又犯了愁。原来他们没有演出用的服装。阳光姐姐知道后告诉大家，她可以帮同学们借到服装。

本期出场人物：阿呆、惜城、汔沐蟾、咪咪、阳光姐姐

第二天，阳光姐姐开车带大家来到了一家出租服装的商店。

李姐，我们来了！同学们，这位是李姐姐。

同学们好。你们的来意我都知道了，跟我一起去仓库吧。

李姐姐好！

李姐姐领着大家来到仓库，根据同学们的要求，找到了大家需要的服装。

咦？李姐姐，衣服上好像有东西？

大家顺着咪咪指的方向瞧去，发现有的服装上有霉斑。

啊呀，不好！看来这些老服装在仓库里放得太久，长霉了！

李姐，没事，把服装交给我吧，我有办法。

117

寒暄了一阵，大家把借来的服装放进后备厢，与李姐姐挥手告别。

之前阳光姐姐讲过的，微生物喜欢在阴暗潮湿的地方生活，演出服在仓库里放久了没人打理，所以霉菌才滋生的。

食物发霉我知道，衣服发霉我还是第一次听说。

学以致用，惜城，你可真厉害！

阳光姐姐，您打算怎么清理这些霉斑啊？

先到我家吧，山人自有妙计。

很快，大家到了楼下，把服装搬到了阳光姐姐家。

阳光姐姐，您的妙计是什么呀？

就是用它——加了酶的洗衣粉。

霉？可服装上已经有霉了啊？

阿呆，我说的"酶"可不是发霉的霉啦。酶是一种催化剂，洗衣服时加入它，衣服上的霉斑就会被分解掉。

阳光姐姐一边说着，一边简单搓洗了两下。果然，霉斑被洗掉了，服装又变得干净了。

阳光姐姐，酶也是一种微生物吗？

酶是一种具有催化能力的蛋白质，微生物是酶的最佳生产者。

微生物可以制造酶，酶又可以帮助分解霉，这算一物降一物吗？

没想到微生物在生活里还挺常见的。

我们的身边到处都是微生物啊。

阳光姐姐，除了洗衣粉，生活中还有什么地方会用到微生物啊？

那可就多了，我们的衣食住行基本都离不开微生物。

大家一起合作，很快把服装洗得干干净净，并挂在阳台晾晒起来。

真的假的啊？

啊吧啦
啊咔啦
瞬间移动

哇！是面包的香味！

当然，不信我现在带你们去看看。

在魔法的力量下，大家来到了法国巴黎街头，这里到处都是面包房。

VIANDES

走吧，我带你们了解一下面包是怎么做的。

大家找到一家允许参观的面包房后，走进了烘焙间。

咦？做面包需要面粉、黄油和白糖我懂，可是面包师叔叔后来放的是什么啊？

那个是酵母菌，也是微生物的一种，做面包需要用它发酵。

当然有。你们瞧，左边的面团还没有发酵，所以比较小，右边是经过发酵的面团，已经膨胀得很大啦。

哦，发酵前和发酵后有什么区别吗？

咦？原理是什么啊？

这是因为面团里的酵母菌在摄取营养后，会主动向外释放大量二氧化碳，使面团膨胀，变成我们现在看到的样子。

好吃！加了酵母的面包可真棒！

这时，面包师从烤箱里取出了新烤好的面包，请大家品尝。

口感松软，真美味！

吃完面包后，大家心满意足地走出了面包房。

啊，饱了饱了。

阳光姐姐，咱们接下来要去哪啊？

既然来到了法国，那咱们就去酒庄看看吧。

酒庄？不行的，我们还是未成年人，不可以喝酒的。

咪咪，我只是带你们去看看葡萄酒是怎么用微生物酿造的。

说完，阳光姐姐用魔法把大家带到了一家酒庄内的葡萄架下。

哇，好多葡萄！

嗯，既好看又香，一定很好吃！

你们瞧，那些人在干吗呢？

122

您好，我们是中国的游客，请问你们是在做什么呢？

我们在酿造葡萄酒！

阳光姐姐领着大家走近了忙碌的人们。

叔叔，这酒是怎么酿的啊？

哦，把葡萄洗好、晒干后，装到容器里，加上一些白糖。然后用力捣碎，把它和白糖搅拌均匀。再把成品放到经过消毒的容器里，放上几个月就可以了。

为什么还要放一段时间呢？

当然是为了让微生物对葡萄进行发酵啊！

咦？酿酒也有微生物参与啊？

当然。和面包发酵的过程差不多，这些微生物也会生成二氧化碳，然后产生酒精。

明白了！

大家告别了热情的工人们，向酒庄外走去。

其他酒水也是微生物发酵出来的吗？

啤酒是大麦发酵的产物；米酒是大米发酵的产物；高粱酒是高粱发酵的产物。这些都是发酵酒。

既能做面包，还能酿酒水，微生物还真是厉害。

不止如此呢，酱油、酸奶、泡菜、腐乳之类的调料与食物的制作，都有微生物的参与。

微生物还真是全能啊！

阳光姐姐，除了饮食方面，微生物还有什么作用吗？

哟，难得阿呆关注食物以外的方面。

当然有啊。像之前说的加酶洗衣粉，不就是微生物的应用吗？在处理污水、分解塑料垃圾等方面，也有微生物帮忙，甚至在美容方面，人们也会用到微生物。

微生物棒棒哒！

哎，只可惜微生物除了会给我们帮忙外，还会让人们生病、腐蚀建筑、让食物发霉，给咱们的生活带来各种麻烦。

这就是"利弊各半"。

讨论完，阳光姐姐就施展魔法，将大家带回了家。

呀，演出服都干了！

太好了，我们快把它们带到学校，排练话剧吧！

酵母菌的应用

酵母菌作为人们应用比较早的微生物,除了用来发酵面包外,还有其他作用。

1.酒精饮料:古人在酿酒时,往往会对原料进行发酵。而对其产生主要发酵作用的正是酵母菌。

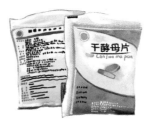

2.药品药剂:酵母菌不仅可以应用在食物上,还是治病救人的药物成分。

3.护肤美容:由于酵母菌发酵后的产物含有很多活性成分,所以人们将其提取出来,然后做成各种化妆品,具有美容护肤的效果。

4.动物饲料:人们经过研究后发现,酵母菌含有很多营养成分。于是在20世纪初,人们开始将酵母作为饲料喂养动物,促进了养殖业、畜牧业的发展。

葡萄酒发展史

葡萄酒的酿造历史可谓非常悠久。人们在美索不达米亚地区进行考古时,发现了专门用来捣碎葡萄的工具,以及存酒的地窖,还有古人喝酒的壁画。由此可见,生活在古代两河流域的国家和地区的人们,已经在用葡萄酿酒了。

古波斯宫殿里侍者呈献葡萄酒的浮雕

此外，在埃及地区，人们还发现了古埃及酿造葡萄酒的方法，还有关于收取葡萄酒税费的相关记录。这点证明在古埃及时期葡萄酒的酿造规模就已经比较大了。

等到了罗马时代，精神与物质上的进步，使人们对葡萄酒质量的要求变得严格起来。在17世纪，欧洲人为了能喝到更美味的葡萄酒，发明了专门的酒瓶以及软木塞。

古埃及采摘葡萄用于酿酒的壁画

古希腊马赛克艺术品中的葡萄酒

17世纪的葡萄酒瓶

能吃的乳酸菌

和酵母菌一样，乳酸菌也是一种人们在生活中经常会用到的微生物。基于乳酸菌的特点，它的应用方向主要是各种食物。像泡菜、酸奶、奶酪等好吃的食物，都含有大量的乳酸菌。

图书在版编目（CIP）数据

身边的微生物 / 伍美珍主编；孙雪松等编绘 . —济南：明天
出版社，2019.5
（阳光姐姐科普小书房）
ISBN 978-7-5332-9438-0

Ⅰ.①身… Ⅱ.①伍… ②孙… Ⅲ.①微生物—少儿读
物 Ⅳ.① Q939-49

中国版本图书馆 CIP 数据核字 (2019) 第 035113 号

主　　编	伍美珍
编　　绘	孙雪松 王迎春 盛利强 崔 颖 寇乾坤 宋焱煊 王晓楠 张云廷
责任编辑	于 跃
美术编辑	赵孟利
出版发行	山东出版传媒股份有限公司
	明天出版社
	山东省济南市市中区万寿路 19 号　邮编：250003
	http://www.sdpress.com.cn　http://www.tomorrowpub.com
经　　销	新华书店
印　　刷	东港股份有限公司
版　　次	2019 年 5 月第 1 版
印　　次	2019 年 5 月第 1 次印刷
规　　格	170 毫米 ×240 毫米　16 开
印　　张	8
印　　数	1-20000
ＩＳＢＮ	978-7-5332-9438-0
定　　价	26.00 元

如有印装质量问题　请与出版社联系调换
电话：0531-82098710